TABLEAU
DES PRISONS
DE  BLOIS.

PRÆ-SCRIPTUM.

*L*E premier acte de tyrannie exercé dans *Blois* fut un attentat à la *Liberté de la Presse* et une cruauté commise à mon égard. J'avois imprimé une lettre aux électeurs de 1789, j'en avois prévenu les membres du département ; & je n'en fus pas moins inquiété, visité, persécuté et privé de mon état d'imprimeur. Je n'ai point eu depuis à rougir de la plus légère démarche pour rentrer dans mes fonctions, et je n'ai pas même demandé la concurrence établie dans presque toutes les cités de la république : c'étoit succcessivement aux administrateurs en place à réparer l'injustice de leurs prédécesseurs.

Le premier arrêté du comité central, et le premier inscrit sur ses registres, est un coup d'autorité, dont j'ai failli être la victime. On avoit distribué dans *Blois* des cantiques vendéens, pour ne pas dire catholiques ; et sur la simple dénonciation d'un lâche anonyme, je fus nuitamment visité et témérairement soupçonné de les avoir imprimés. L'ordre de mon incarcération est bien désigné, page première du premier registre ; mais il est impossible de trouver le procès-verbal qui constate mon innocence ; et cependant il a été rédigé en ma présence par le secrétaire du comité, et signé de ses membres ainsi que de moi.

Les premières grandes visites commencèrent par mon domicile ; j'étois malade et au lit. Cette expédition, militairement exécutée, me fit lever, et me força de rester debout

A 2

et à jeun, depuis huit heures du matin jusqu'à six du soir, à raison des relais que s'étoient distribué les visiteurs. Je conserve le très-petit procès-verbal de cette très-longue séance, comme un chef-d'œuvre de laconisme de la part du comité.

Enfin le premier jour que les élysées de la ci-devant Visitation furent ouverts, j'y fus conduit par la gendarmerie, à l'heure du marché, et dans un moment où les soi-disans suspects étoient signalés pour être la cause de la disette des subsistances. Vrai gibier du comité, j'ai depuis cette époque été incarcéré à plusieurs reprises, malgré les différens actes qui attestent et mon amour pour la patrie et mon désintéressement particulier quand il s'agit de la félicité publique.

J'oublierois mes ennemis aussi facilement que je leur pardonne ; mais mon indulgence pour eux ayant publiquement été traitée de pusillanimité par ceux-mêmes qui leur ont servi de licteurs, j'ai cru devoir répondre à cette inculpation par le tableau des malheurs que j'ai partagé avec les personnes les plus vertueuses du département. Si cette esquisse ne suffit pas, j'en prépare une seconde aux couleurs de laquelle on ne pourra se méprendre.

BLOIS, le dix-neuf Frimaire, an trois de la république française une et indivisible, anniversaire de la Fusillade des suspects de Saumur.

DURIE-MASSON.

TABLEAU
DES PRISONS
DE BLOIS.

Semper ego auditor tantùm ? Nunquamne reponam?
JUVENAL. *Satyr.* 1.

LA ville de BLOIS auroit toujours joui de la tranquillité
la plus grande, fans la préfence de quelques étrangers de‑
venue néceffaire à raifon de fon département & de fon ci‑
devant évêché. La douceur des habitans de cette commune
n'auroit jamais démenti l'éloge qu'en fait le Taffe, dans ces
vers de la Jerufalem délivrée :

> Non è gente robufta , o faiicofa :
> La terra molle , è lietta , è dilettofa ,
> Simili a fe gli abitator produce.

Malheureufement les députés Bléfois à l'Affemblée confti‑
tuante ont cru enrichir leur cité , en demandant pour elle le
titre de chef‑lieu de département ; & notre réfiftance à ce
prétendu honneur, dont on nous faifoit alors un reproche,
eft aujourd'hui pleinement juftifiée. Car c'eft dans le fein
même de l'adminiftration départementale que s'eft formé ce
barbare triumvirat qui a porté , pendant deux ans, la défo‑
lation dans le fein des familles les plus honnêtes & la mé‑
fintelligence parmi les autorités conftituées. Trois adminiftra‑
teurs trouvèrent plus facile le travail de vexer leurs conci‑

toyens, que celui de répondre à leurs pétitions : il faut pour
ce dernier de l'affiduité , de l'intelligence & de l'ordre, lorſque
l'inquiétude , l'ignorance & le déſordre ſuffiſent ſeulement
pour ſe faire craindre.

Le lecteur croira difficilement qu'un jeune marié, dans cet
âge & au moment où les paſſions prennent une teinte de
ſenſibilité , ſe ſoit porté , même envers ſes bienfaiteurs , à
tous les excès de la rage la plus froide & la plus concentrée ,
& air digéré le crime comme les alimens les plus délicats ;
qu'un être inepte, abſolument nul, ci-devant eccléſiaſtique,
poſſeſſeur d'une fortune médiocre mais aiſée , ſans talens &
ſans aucun eſpoir d'en jamais acquérir, ſe ſoit maintenu dans
le cruel emploi de tourmenter le mérite & de faire verſer des
larmes à la probité; qu'un prêtre ignare, crapuleux & groſſier
ait inſulté la nature & les lois par ſes vices & ſa tirannie ; que
deux de ces monſtres, les deux premiers, calculent encore ſur
l'eſpérance horrible d'augmenter un jour leurs forfaits, & de
nous punir de la révolution du neuf thermidor.

Il faut cependant convenir que ſi ces trois aſſaſſins n'euſſent
pas eu des croupiers, nous n'aurions jamais eû la lâcheté de
ſouffrir les chaînes dont ils bleſſoient nos bras déſarmés. Mais
des prêtres échappés de la Lorraine & du Jura, tantôt fana-
tiques & tantôt athées, le matin adorateurs du Dieu d'Iſraël
& ſacriſians le ſoir à Baal ; des inſtituteurs ſans génie , ſans
morale & ſans principes, hardis prédicans des ſyſtêmes affreux
d'Hébert & de Ronſin ; des ambitieux dans tous les régimes,
que l'on voit dans tous les cabinets, que l'on trouve dans tous
les emplois, eſpece rampante vendue à tous les gouvernemens ;
& quelques marchands ruinés, par le déſir de rétablir leur
fortune ſur les débris des fortunes publiques & particulières,

étoient les miniftres & les vils exécuteurs des vengeances triumvirales. Suivoit le cortege de ces hommes qui, toujours oififs & toujours débauchés, ne défirent que l'anarchie & le pillage, & fe rangent du côté de la faction qui paye le vol & l'affaffinat....

> Un tas d'hommes perdus de dettes & de crimes,
> Que preffent de nos lois les ordres légitimes ;
> Et qui, défefpérant de les plus éviter,
> Si tout n'eft renverfé, ne fauroient fubfifter.

Jufqu'au quinze brumaire de l'année dernière, notre tri-nôme révolutionnaire s'étoit contenté de ménacer un grand nombre de citoyens, & d'en incarcérer un petit nombre ; lorf-qu'à cette époque commencèrent les grandes manœuvres & les fameufes vifites domiciliaires. Tout ce qui avoit précédé n'é-toit qu'un amufement préparatoire pour fonder l'opinion pu-blique, & malheureufement la terreur étoit entièrement à l'ordre : auffi, dans le même inftant de raifon, à huit heures du matin, cinquante à foixante maifons furent-elles vifitées, fouillées & pillées depuis le grenier jufqu'à la cave. Ces opé-rations auparavant avoient eu lieu plus la nuit que le jour ; mais le comité, s'étant adjoint neuf fuppléans & quelques troupes auxiliaires, pouvoit alors faire, à l'aife & fans danger, fes expériences phyfiques & morales fur les habitans de Blois.

Rien n'échappa à la curiofité des vifirs & de leurs janiffaires : les regiftres des marchands, leurs factures, & les teftamens dé-pofés chez les officiers publics furent décachetés, lus & com-mentés ; les endroits les plus fales (1) & les plus obfcurs fu-

---

(1) Leurs recherches étoient fi minutieufes & fi dégoûtantes, qu'ils enle-vèrent, dans la garde-robe de la citoyenne Dumbeck, un papier empregné d'une matière, qui prouvoit & la propreté de fon ufage & le goût favori de pareils vuidangeurs.

rent découverts & parcourus; & les chofes les plus facrées, fignes muets & chéris d'une opinion religieufe & permife, furent infultées & foulées aux pieds. La croix, fur le fein même de nos époufes, fut enlevée comme un figne de contre-révolution; par-tout, en tous lieux & jufques dans les temples, l'ignorance y fuppléoit l'athéifme & le culte bizarre & infenfé d'une raifon délirante. Cependant pas un feul procès-verbal n'ofa attefter le plus léger délit; & de tant d'atrocités il ne nous refte plus aujourd'hui que le fouvenir amer, & quelques reçus informes & groffièrement écrits de fommes d'or & d'argent que les vifiteurs échangèrent contre leurs affignats. Des gardes n'en furent pas moins laiffés chez chaque vifité, avec injonction à ces derniers de les bien nourrir, & de leur donner en outre cent fous par jour : méthode infernale, inventée pour multiplier les dénonciations les plus calomnieufes & augmenter le nombre des délateurs.

Les vifites ne laiffoient qu'un jour ou deux d'intervalle entr'elles, pour donner le temps aux vifirs de parcourir quelques chiffons de papier bien infignifians, de partager entr'eux les efpeces échangées, & d'orthographier (2) tant bien que mal de fuperbes mandats d'arrêt, atteftant la fufpicion de chaque vifité; de manière que prefque tous les probes habitans du département de Loir & Cher eurent chez eux les honneurs de la féance triumvirale. Mais cela ne pouvoit fuffire à des buveurs de fang : une feule maifon d'arrêt & la prifon étoient incapables de renfermer tant de fufpects; & comment trouver un affez grand nombre de gardiens révolutionnaires pour autant de Modérés, de Fédéraliftes, de Girondins, de Feuil-

(2) *Ferrand-Vaillam cera tenus de gardé les arrêtes sou poine de caftra-tion.* Nos MM. étoient donc également des Fulbertiftes.

lans,

lans, de Mufcadins, &c ? Il fallut donc, fur le champ, conf-
truire deux nouveaux repaires, dont un feroit pour les non-
conformiftes, & l'autre pour .... le lecteur (3), s'il eût eu le
malheur de coucher une nuit dans Blois, & de déplaire à un
feul membre du comité. Nous difons repaire, parce que, par
une cruauté inconnue à tous les autres monftres, les nôtres
avoient fait tracer en belles & groffes lettres d'or ces mots
barbares : REPAIRE DES GENS SUSPECTS. Obfervez
qu'une de ces maifons étoit fituée fur une grande route,
vis-à-vis un marché, & que dans ces momens terribles de difette, elle fe décoroit encore du beau nom de grenier d'abondance : auffi les jours de hallé étoient-ils pour les détenus des
jours de trifteffe & d'allarmes. Obfervez encore que l'inaugu-
ration de cette maifon eût lieu le 19 brumaire, jour de marché public, à l'heure où il fe tenoit, & dans un inftant où le
manque de grains faifoit murmurer le peuple.

C'eft dans ces circonftances défolantes que l'on vit traîner
en captivité la vieilleffe à côté de la jeuneffe, la foibleffe d'un
fexe avec la force d'un autre, & la paternité avec les vierges
& les miniftres du culte catholique. Tous les jours, jufqu'au
treize frimaire, époque de la grande fournée, le nombre des
détenus devenoit incalculable ; & parmi tant d'infortunés, il
en eft qui n'exiftent déjà plus, & d'autres qu'une exiftence pénible & douloureufe conduit lentement au tombeau.

(3) Lors de la fermeture des églifes, une voyageufe, la citoyenne G***,
ayant eu le malheur de s'informer de nous au membre du comité qui vifoit
fon paffeport, fut traitée de fanatique & menacée d'une incarcération, à la
quelle elle ne put fe fouftraire qu'en mangeant des hofties confacrées qui lui
furent offertes. Ce genre de tyrannie & de perfécution, inconnu à l'hiftoire,
étoit réfervé à groffir les annales d'un fiecle, qui fe dit philofophique, depuis que fes coryphées refufent l'évangile & croyent à toutes les gazettes.

B

Laporte, Pérignac, Odonell, Lacroix, Geniftour, Guéret, Montaigu, Lagrange, Fontenay, Mangeot, Bélandre, Latour, & vous, fage Dubuc, vos noms & vos vertus pafferont à la poftérité, malgré la jaloufie qui vouloit vous priver de cette unique confolation. Vous, refpectables vieillards, Fretté, Vareilles, Blot, Boucherat, Dutems, Hurault, Lecour, & vous, Laboiff.ère, dont la mort vient d'abréger les douleurs aigries par votre incarcération nocturne ; les hommes délicats fe rappelleront votre mémoire & verferont des larmes d'attendriffement fur vos malheurs. Vous ferez placés à côté d'eux & fur la même ligne, bon Leddet, tourneur, & pieux Roger, luthiers ; vous auffi, Montperroux, qui n'avez évité les horreurs de la prifon que parce que les dix porte-faix chargés de vous porter, ont été plus humains que nos cannibales. Vous ne ferez point oubliés, excellens pères de famille, Jouffelin, Ferrand, Boisrenard, Sellier, Riffault, Dezairs, Lecour, Lhuilier, Martinet, Pothée, Savigny, Perrot, Gaillard, Ligneau, Dargy, Blanchard, Chatillon, Pilet, Guéritèau, Boutet, Huard, Cuffaux, Dufay, Guillois ; vertueux Porcher, dont l'époufe infortunée venoit de vous confier en mourant l'éducation de quatre filles chéries ; & vous Gaultier (4), fondateur de notre premiere Société Populaire. Cultivateurs paifibles, Chauveau, Vefers & un troifième dont le nom nous eft échappé, vos

_____

(4) Le trait fuivant mérite de trouver ici fa place. Le patriote Chartier-Roger étoit dangereufement malade ; fon époufe, après plufieurs inftances auprès du comité, obtint que fon chirurgien, le citoyen Gaultier, fe rendroit chez elle avec quatre fufiliers, & qu'un factionnaire feroit à fes dépens continuellement placé à la porte intérieure de fa chambre. Ce dernier avoit la configne de ne pas quitter d'une minute fon prifonnier : configne fi rigoureufement obfervée, qu'une malheureufe voifine ne put jamais recevoir la permiffion de fe faire accoucher par ce même chirurgien, quoiqu'il n'eût pas trois enjambées à faire pour lui rendre ce fecours.

vingt-deux enfans trouveront des charmes à se joindre à ceux de l'honnête Buzelin, qui n'a pu survivre à sa triple détention, pour pleurer un jour sur vos tombes révérées.

Sexe destiné par la nature pour apprivoiser tous les animaux jusqu'aux tigres les plus féroces, puisque votre foiblesse & votre douceur n'ont pu vous sauver les horreurs de la prison, souffrez qu'un pinceau timide crayonne & vos noms & vos allarmes. Infortunées Bimbenet, Marchand, Pothée, Labourdonnaie, Rusly, Lusignan, Chartier, Montaigue, Vareilles, Blot, Beaussier, Dubuisson, Mussay, Trémault, Fretté, Duret, Cormier, Pasquier, Leddet, Alain, Chiquet, Baignoux, Hemin, Vernaison, Guillomet, Leclerc & Clenord; vos dangers que nous avons parcourus & partagés sont trop profondément gravés dans nos cœurs pour jamais les oublier. Intéressante Durozai, vertueuse & sensible Duroi, courageuse Alexandrine, & vous constante Villiers, acquittée depuis peu du malheur d'avoir été la sœur de Favras, puisse la source de vos pleurs se tarir, & puisse un baume consolateur préparer dans vos veines une nouvelle circulation!

Robin, ô notre ami, les beaux arts, déja presque détruits par le Vandalisme, ont gémi en vous voyant endormi sur la couche des suspects, & se font cru bannis pour toujours du sol de la France. Pardon, tranquille Descotiers, d'avoir jusqu'ici dérobé votre nom à la connoissance du lecteur : qu'il apprenne qu'avec Rochambeau vous avez eu le double bonheur d'échapper aux assassins de Blois & de Paris. Pardon surtout, mânes de Salaberry, si parmi tant d'infortunes notre plume n'a point encore parlé des vôtres ; nous n'avons connu celui dont vous étiez l'enveloppe que dans les fers, & courbé sous le poids de l'accusation atrocement mensongère d'avoir voulu livrer notre cité aux Vendéens. Ceux qui n'ont jamais bu avec lui que dans la coupe amère de la douleur, lui rendent le témoignage qu'il n'a été coupable que de quelques excès de facilité & de crédulité. Vous l'avez suivi de près dans la tombe des Carmélites, Dufort, Baillache & Rancogne ; aujourd'hui rendus à la vie, donnez des pleurs à sa mémoire.

La jeuneffe la plus tendre n'étoit pas même un titre d'excufe auprès de notre comité. Les malheureux Salomé, Bimbenet mort depuis quelques mois au fervice de la patrie , Cuper & Lachefnaie féparés de leurs pères détenus dans une autre maifon d'arrêt , font des preuves non équivoques de cette trifte vérité. Nous ne parlerons pas d'un autre enfant âgé de treize ans & de fon frère un peu plus âgé : nous favons tous que la vertu & les malheurs font héréditaires dans la famille Pardeffus; féqueftre, détention, voyage, gardes, fcellés, rien n'a pu ébranler le courage du père, la fermeté des fils, & la réfignation de la mère. Enfin la férocité de nos inquifiteurs étoit telle, qu'ils ont emprifonné jufqu'à des naines , les citoyennes Frin; ce qui a fait dire à un de nos plaifans qu'il défioit dix mille perfonnes de cette taille de faire une contre-révolution dans fa cuifine.

Mais ce qui eft inconcevable ; c'eft que le patriotifme prononcé & le ferment eccléfiaftique n'ont point été des motifs affez puiffans , ni des raifons fuffifantes de non-incarcéra- tion. Sans parler des Delarche, des Rofnay & autres perfonnages inconnus au lecteur, il ne fera pas peu furpris d'apprendre que les citoyens Lemaître, ex-légiflateur, Druillon & Dinochau, ex-conftituans, tous du côté gauche, ont été long-temps détenus; ce dernier fur-tout fêté dans la répu- blique de lettres par fon courier de Madon, & dans Blois par fon travail pénible & affidu à la Commune. Vous fûtes incarcérés , obéiffans pafteurs de l'églife de France , Thibault, Jouflin, Larue , Girault ; & vous , fages Liger & Villemain : la divinité feule fait ce dont vous étiez coupables. Nous vous y vîmes auffi, prudente Briffolière, votre divorce & les apprêts de votre nouveau mariage n'ont pu vous ga- rantir d'une captivité longue, injufte & cruelle.

Nous avons dit un peu plus haut, en parlant des jeunes Lachefnaie & Cuper, qu'ils étoient renfermés dans une pri- fon autre que celle de leurs pères; & nous devons ajoûter que, par un fuperflu de barbarie , nos tyrans féparoient éga- ment les êtres que l'amour & la loi avoient réunis. Vous fûtes long-temps éloignée de votre époux, citoyenne Long- champs ; & vous auffi, fenfible Lagautrie, infortunée mère de la plus aimable des filles & de la plus conftante amante du plus chéri des maris. Nous entendons encore le cri de la nature, expanfive Douaire, lorfque fur l'ordre de notre tranf- lation, vous étiez infcrite pour les prifons d'Orléans , votre époux pour celles de Pontlevoy, & vos enfans à la garde d'une mère tendre, mais trop âgée & trop affligée fur-tout pour les furveiller , puifqu'elle eft morte de fes douleurs. Nous partageâmes vos inquiétudes & vos allarmes , tendre Clenord, lorfqu'on vous menaça de vous priver d'une bonne mère, des bras de laquelle une jeune fille bien née ne doit jamais fe féparer que pour voler dans ceux d'un époux, en vous deftinant l'une & l'autre pour des maifons différentes. Vous ferez toutes préfentes à notre mémoire , en peignant l'hiftorique de nos voyages;mais il nous refte encore auparavant quelques autres lignes à tracer fur la cruauté de nos terrori- tes, fur leur lâcheté, & fur le régime de nos prifons.

Souvent embaraffé fur les motifs de fuspicion , le comité

faifoit tour-à-tour incarcérer tantôt le mari , tantôt l'époufe,
& quinzaine après la femme de chambre ; tous les jours une
victime étoit néceffaire à fa rage, & il ne s'eft jamais piqué
de juftice dans fon choix. C'eft par cette raifon que l'on vit
la citoyenne Duchefne fuccéder à fon mari , la citoyenne
Douaire au fien , & le citoyen Butel prendre la place de fon
époufe , pour la céder enfuite à fon aide-de-toilette.

Nous tairons l'immoralité de cette inquifition , la manière
brutale dont elle recevoit les époufes des incarcérés , les pro-
pos durs, groffiers & libertins que fes membres fe permet-
toient fur les devoirs de la maternité, lorfqu'une bonne mère
foupçonnant des entrailles à fes monftres, leur préfentoit les
gages infortunés de la tendreffe de fon mari. Notre plume fe
refufe à une defcription qui outrageroit la nature chez un
peuple d'antropophages : nous nous contenterons de publier
que les feuls célibataires trouvoient grace auprès d'eux, puif-
que, fur plus de quatre cent prifonniers, on en comptoit à
peine fept à huit, (les citoyens Barbier, Chabault, Romil-
ly , Beauvais, Liger, Girault & Levrard,) qui n'euffent pas
payé à la patrie le tribut de reconnoiffance que l'homme en naif-
fant s'engage à lui devoir un jour. Encore faut-il annoncer que
ces fept détenus étoient choifis parmi les êtres moraux de leur
claffe , que le premier tient au ci-devant clergé, & que trois
des fix autres viennent de courber la tête fous le joug ma-
rital.

Rien ne peut donc égaler le Néronifme de nos Tribuns,
fi ce n'eft la férocité d'une partie des Sbyres qu'ils employoient.
On a vu ces fcélérats entraîner les citoyennes qu'ils condui-
foient en prifon à la pourfuite de leurs compagnes de malheurs ; on les a vu, ne trouvant point le mari, le citoyen

Beaujour, emmener l'épouse, & fubftituer ainfi fur le man-
dat d'arrêt le nom de l'une à celui de l'autre. La citoyenne
Duchefne fut conduite chez la citoyenne Durofay, le citoyen Ferrand - Vaillant contraint d'enlever la citoyenne
Douaire; & nos fens fe foulevent encore de la méprife d'un
vieillard refpectable qui, nous voyant à fon chevet, nous demandoit la permiffion de s'habiller. » Parlez, homme ver-
» tueux, à ces infâmes licteurs ; notre vie paffée doit vous
» attefter que nous fommes comme vous une victime de leur
» barbarie. » Cette réponfe nous valut des excufes d'une part
& un déluge d'injures de l'autre: foible dédommagement
pour notre fenfibilité, mais dont il fallut bien fe fatisfaire.

On fe demandera peut être comment une poignée de vils fac-
tieux a pu commettre impunément tant de forfaits; notre réponfe
eft dans le filence du gouvernement qui fembloit les favori-
fer, dans l'exemple des autres communes de la République,
& plus que tout cela dans notre engouement pour les étrangers: engouement inconcevable, puifqu'ils nous ont tous fait
verfer des larmes, depuis le député Chabot jufqu'au mirmi-
don qui appofe le cachet de l'adminiftration fur fes dépêches.
Peuple bon, facile & vertueux de Blois, n'accordez donc
plus jamais votre confiance qu'à celui de vos frères dont vous
connoîtrez la droiture, qu'à celui dans les mains duquel vous
remettriez votre époufe, votre fille chérie & vos tréfors, à
l'inftant d'un long voyage. Eh quoi! vous placeriez à peine
deux cent livres à la bonne foi d'un inconnu, & vous lui
facrifiez votre honneur, votre exiftence, celle de vos amis,
de vos fils & de vos femmes! Quant à nous, nous faifons
le ferment de ne jamais accorder notre voix à quiconque n'au-
ra pas, depuis notre enfance, partagé nos peines & nos plai-

firs; que notre main se seche plutôt que de tracer dans les élections tout autre nom que celui d'un de nos compatrio-tes On nous diroit en vain que ce principe tend au fédé-ralisme, nous n'aurons pour excuse & pour exception que cette vérité : pour un Socrate la Grece possédoit mille Ani-tus, il est des hommes, mais il en est peu, qui soient de tous les pays ; si quelques cités de la République accordent leur assentiment à Jean-Jacques Rousseau, elles n'ont toutes qu'un refus pour autant d'Hebert, d'Anacharsis-Cloots, de Robes-pierre, &c.

Nemo repentè malus.

Ainsi que la vertu le crime a ses dégrés.

Cette maxime ne peut s'appliquer à nos Triumvirs : leurs pre-miers pas ont été des crimes. Ils débutérént par envoyer au tribunal révolutionnaire le vénérable Saint-Chamand & l'hon-nête Marizy ; le premier accusé d'émigration, parce qu'il avoit fui la terre de l'intolérance, (le Blésois,) pour se fixer dans un bien qui lui appartenoit ailleurs ; & le second pour avoir été en correspondance avec Gardien, membre du comité des douze. La loi du vingt-deux prairial n'existoit point encore ; l'un & l'autre furent acquittés. Ce revers, loin de museler nos tigres, ne fit qu'augmenter leur rage ; & de désespoir ils rongeoient encore leurs fers, lorsqu'on vint leur annoncer que le ci-devant Chapelain de notre Hôtel-Dieu n'avoit point déserté cet hospice, & qu'il y étoit mourant. Nous ne pein-drions que foiblement les transports de leur joie, & il fau-droit, comme eux, tremper nos crayons dans le sang pour les esquisser. Le lecteur saura donc seulement qu'elle étoit telle que, même long-temps après, un d'eux interrompit le sermon qu'il faisoit à ses paroissiens, pour leur annoncer que la décou-verte de cet ecclésiastique avoit sauvé la France d'un grand péril,

péril. Le malheureux Saunier cependant n'avoit point émigré, il n'étoit point sujet au serment : mais on déterra qu'il avoit autrefois remplacé pendant quinze jours un fonctionnaire de ses amis ; & ce secours, accordé au zelé officieux de l'amitié, fut le signal & l'ordre de sa mort. Ajoûtons les larmes aux yeux, que la Supérieure de la communauté, présente à son exécution, fut condamnée sur le même échaffaud à l'échange barbare de sa robe virginale pour une robe de pourpre. (5) Cruels, les Sauvages du Canada respectent au moins & portent sur leurs dos celles qui pansent les blessures de leurs ennemis vaincus. Nos Sauvages Français, qui n'ont rien d'humain que la figure, se comportoient d'une toute autre manière ; & si le lecteur doute encore de leur scélératesse, ce qui nous reste à dire suffira pour le convaincre qu'ils eussent facilement surpassé les Carrier & autres monstres, si comme eux ils en eussent reçu ou usurpé le pouvoir. Mais auparavant, nous lui devons un mot sur le régime de nos prisons; & c'est une dette dont nous sommes jaloux de nous acquitter.

D'après les différens récits qui nous ont été donnés des maisons d'arrêt de Paris, il paroît qu'elles ont avec les nôtres un air de famille ; mêmes peines pour se procurer des secours, mêmes gardes pour surveiller les habitans paisibles de ces tombeaux vivans, & mêmes concierges pour les rançonner. Il en est cependant parmi ces derniers qui sont un peu moins brutaux les uns que les autres ; & l'on se louoit assez de ceux de Blois.

(5) *Chez les religieuses béguines & beguoules de l'hôtel-dieu, avons trouvé leur aumônier prêtre réfractaire,* (c'est une calomnie) *bien joli,* (son âme seule étoit belle) *bien aimé, bien soigné par ces nones, & qui va jouir du charmant spectacle de la guillotine, une grosse supérieure qui lui servoit de médecin & qui l'accompagnera.* Extrait des Registres du Comité Central, séance du 10 août 1793.

C

Le nôtre étoit une bête quinteuse, toujours grondant, toujours menaçant, nous regardant comme un troupeau dont il
étoit le propriétaire, & nous difant avec la gravité d'un fé-
nateur, quelques jours avant notre tranflation : *le Comité n'en-
levera pas mes gens fans me confulter*. Dans tout autre local nous
aurions plaifanté fa bonhomie ; mais dans un Repaire il faut
gémir, fe taire, obéir & payer ; & c'eft auffi le parti que nous
prenions.

Souvent l'on permettoit, en payant, à nos aides de nous
apporter la nourriture néceffaire ; quelquefois même nous
avions, en payant, le plaifir d'embraffer nos parens. Mais
prefque toujours de nouveaux ordres nous intimoient l'obli-
gation de recevoir nos repas des mains fales & gourmandes du
concierge & des gardes ; & lorfqu'il étoit urgent de demander des
détails fur fes affaires perfonnelles, ou de s'informer de la
fanté des fiens, il falloit alors graiffer la patte à toute la baffe-
cour. Malheur à nous, fi, dans fes fréquentes vifites, un membre du Comité eût cru appercevoir fur nos figures le plus léger rayon de calme ou d'efpérance ; le fpectre auffitôt, ou
menaçoit de nous retrancher la promenade, ou nous envoyoit
des architectes mefurer nos très-petites cellules, toifer nos
corridors, pour nous féparer, difoit-on, des femmes, & ré-
duire ainfi chaque individu à une efpace de quatre pieds. (6)
Ajoutons qu'il falloit n'employer que les ouvriers, barbiers
& chirurgiens attachés au faint office, ou mourir faute de fecours & dans les bras de l'ignorance. Auffi reffemblions-nous
prefque tous par la barbe à nos ayeux du quatorzième fiecle, le
perruquier n'ayant qu'une matinée à nous accorder par femaine.

(6) *C'étoit encore trop pour des fcélérats.* Réponfe faite à l'ingénieur en
chef qui en demandoit fix.

Tous les prisonniers n'étoient pas tous également malheureux : le citoyen Roftaing, par exemple, étoit l'enfant gâté du Comité; on mettoit pour lui en réquifition les bonbons enlevés chez le citoyen Marchais. Aimable Ververt, il paroiffoit n'être en cage que pour y recevoir plus à l'aife les careffes de fes petits, & les attentions de fa charmante fœur, la citoyenne Laval. Nous aimons à croire que fon voracᵉ protecteur étoit plus que récompenfé de fon excès de bonté par les diners dont fon protégé le bourroit ; mais nous aurions défiré qu'ils euffent été moins fréquens & moins longs. Ils étoient pour nous des jours & des heures de trifteffe; connoiffant les effets digeftifs (7) d'un eftomac inquifitorial, nous nous tenions tapis dans nos trous, jufqu'à ce que le bouc eût été rendre à fon dégoûtant tribunal le fuperflu de fa boiffon.

Que faifoient alors nos aides, fideles meffagères de nos provifions? Elles fe réfignoient dans le filence aux humiliations & aux difcours indécens d'une garde foldée, s'eftimant heureufes d'entrevoir, à la chûte du jour, l'infortuné dont elles prenoient tant de foin. Recevez nos remerciemens, fexe aimant : nous connoiffions bien votre douceur, vos égards compatiffans & votre conftance; mais il falloit une épreuve femblable pour rendre à votre fermeté le tribut d'éloges que

(7) On doit fe rappeller dans quelles circonftances nous avons un jour été arrêtés vers les deux heures après midi & vis-à-vis la maifon commune : les perfonnes préfentes à cette fcène, dans laquelle un magiftrat du peu le cumuloit les fonctions de gendarme & de bourreau, rendent encore aujourd'hui juftice à notre modération; & cependant nous étions alors revêtus d'un grade militaire, dont n'a joui que très-peu de temps après nous l'intime ami de ces MM., attendu qu'il eft aux galères pour raifon de vols faits à la République.

nous lui devons. Oui, notre fortune n'eſt qu'un foible échange des ſervices que vous nous avez prodigués, & de l'attachement que vous nous.avez montré dans ces temps déſaſtreux. Eh ! pourquoi rougir de publier que les êtres, ci-devant mortifiés du nom honteux de domeſtiques, ſe ſont toujours montrés, dans ces momens affreux, nos vrais & ſincères amis, & méritent peut-être ſeuls aujourd'hui cet honorable ritre ! Bonvalet, par ſon dévoûement au ſort de Salaberry , a donné une grande & terrible leçon à ceux qui ſe décoroient, avant ſa détention, des livrées de ſon amitié, & qui partageoient ſa table & ſes plaiſirs. Qu'il eſt à plaindre, ſi jamais il eſt ſuſceptible de remords, le ſcélérat qui, malgré les lois impreſcriptibles de l'égalité, oſa s'oppoſer à ce que la parole fût accordée au vertueux Bonvalet, ſous le prétexte odieux & inſenſé que, mangeant à l'office de ſon patron, il ne pouvoit en être le défenſeur.

Telle étoit alors la logique de nos tyrans; pour les engraiſſer , il leur falloit du ſang , & le plus pur étoit le plus chéri. Monſtres, vous allez enfin être ſatisfaits, mais la juſtice des hommes nous vengera un jour de vos fureurs: ſachez que tout s'uſe ici bas , juſqu'au fanatiſme philoſophique (8) & révolutionnaire.

(8) Je conſultai les philoſophes , je feuilletai leurs livres , j'examinai leurs diverſes opinions ; je les trouvai tous fiers , affirmatifs , dogmatiques , même dans leur ſepticiſme prétendu, n'ignorant rien , ne pouvant rien , ſe mocquant les uns des autres ; & ce point, commun à tous, me parut le ſeul ſur lequel ils ont tous raiſon. Triomphans quand ils attaquent, ils ſont ſans vigueur eu ſe défendant. Si vous peſez les raiſons , ils n'en ont que pour détruire ; ſi vous comptez les voix, chacun eſt réduit à la ſienne; ils ne s'accordent que pour diſputer: les écouter,' n'eſt pas le moyen de ſortir de ſon incertitude. *Rouſſeau , Emile, tom. 3.*

Le lecteur doit fe rappeller la fameufe journée du Mans ;
la perte qu'y fit Laroche-Jacquelin, & le fuccès de Veftermann. Blois, éloigné par foixante mille de diftance du lieu
du combat, ne pouvoit & ne devoit nullement s'attendre à
la préfence des Vendéens, même dans le cas où ils auroient
réuffi : fa pofition montueufe & efcarpée, fa difette de grains
& de fourrages de toute efpece, & plus que tout cela les chemins horribles & boueux qui féparent fon territoire de celui
du Maine, lui préfageoient d'un côté un ifolement favorable à l'action, tandifque d'un autre la Beauce offroit aux Rébelles & l'abondance & la route facile de Paris. Malgré tous
ces avantages, foit que la peur eût faifi nos lâches perfécuteurs,
(le crime eft toujours fur le qui vive,) foit qu'ils fuffent dans le
fecret, comme plufieurs le prétendent, on les vit prefque tous, le
même jour & dans la même minute, abandonner leur pofte & la
commune, & confeiller la même défertion à leurs parens & à
leurs familiers. Il en eft un qui, ne pouvant fe féparer de fes
chers tonneaux, fon unique fortune, leur fit paffer la Loire
dans l'efpérance d'aller les vifiter en cas d'attaque, & de fe
confoler ainfi de nos pertes par la liqueur qu'ils renfermoient.
Notre pont fut détruit pour éviter aux Jacqueliniftes, difoit-on, tout efpoir de retour à Cholet ; comme fi Langeais,
Tours & Angers ne leur préfentoient pas un endroit & plus
voifin & plus commode. Les arbres de notre unique promenade furent arrachés, pour ne pas fervir, ajoutoit-on, de
pontons aux fuyards : preuve certaine que l'ignorance la plus
craffe étoit le génie de nos prétendus connoiffeurs ; car le
moindre phyficien accorde plus de péfanteur à un pied cube
de chêne dans fa verdure qu'à pareille quantité d'eau. Enfin le dégat eft encore en ce moment fi oftenfible, que le
voyageur le plus diftrait fe croit tranfporté dans un jardin An-

glois, où les ruines le difputent à la folidité, le défordre aux regles du compas , & la nature ftérile au payfage le plus fécond & le plus fleuri..

Les courriers envoyés par nos adminiftrateurs ne tardèrent pas à nous affurer la déroute complette de l'armée royalifte; les journaux faifoient encore à peine l'éloge des exploits & du courage des vainqueurs républicains , que nos lâches conjurés rentrèrent & dans Blois & dans leurs fonctions inquifitoriales. Les détenus devoient s'attendre & s'attendoient en effet à plus de douceur; mais la rage de leurs perfécuteurs ne devint que plus forcénée par l'abfence du danger , & ils préférèrent les excès de la débauche au travail pénible de leur miniftère : c'eft au milieu de la joie qu'ils méditèrent l'exécrable projet de nous affaffiner. L'Indien, dégoûté de la vie , récite fon champ funebre en la perdant ; nos bourreaux au contraire aiguifoient les poignards dont ils devoient nous frapper, aux colonnes du temple qui répétoient leurs déteftables accens..

Un arbre, heureux figne de la liberté Françaife, avoit été planté par un bataillon de Seine & Oife, dans l'avant-cour de fa caferne. Ce gage précieux de fa reconnoiffance fut détruit, fans pouvoir connoître l'auteur de cet attentat; nos égorgeurs ne manquèrent pas de publier qu'il étoit l'ouvrage de l'ariftocratie toujours malveillante, & qu'il étoit inftant d'en punir exemplairement les fufpects. Si dans ce temps un . . . . nous eût été délégué, Blois auroit fubi le même fort que Bédouin, & ne feroit plus aujourd'hui qu'un monceau de cendres ; mais le bon efprit de la troupe & celui des habitans nous ont fauvé l'expiation d'un crime commis, nous ofons le préfumer , par les monftres qui vouloient depuis long-temps mettre le pillage & le carnage à l'ordre du jour , & qui feuls, en qualité d'étrangers, étoient intéreffés à l'infur-rection & aux forfaits. Soixante nouveaux arbres pour une feule liberté furent donc heureufement l'unique réfultat de foixante motions incendiaires qui fe fuccédèrent les unes aux autres; & les forêts nationales firent encore une fois les frais de l'holo-caufte : nous difons encore une fois, parce que le délit avoit été précédemment réparé aux dépens de la commune , qui avoit même ajoûté au nouveau chêne un autel triangulaire, orné de dévifes , & entouré d'une barrière tricolore à hauteur d'homme.

Les fêtes & les repas néceffaires à l'élévation de ce patrio-tifme boifé , fentimentalement détruit par Garnier de Saintes, n'étoient, hélas , que les avant-coureurs de l'orage qui devoit fondre fur nos têtes. Tel on voit l'adroit matelot préparer fes cordages pour la tempête, à l'afpect du hideux marfouin qui s'égaie fur la rive menacée; tels nous étions, lorfque , dans les promenades civiques , les cris finiftres & difcordans de nos hiboux fe mêloient aux doux concerts de nos frères, dont les voix libres & plaintives imitoient alors notre douleur. Comme ils devoient en effet fouffrir, ces dignes apôtres de la fainte humanité, ces vrais amis de l'unité républicaine , en voyant ainfi détruire tous les fymboles de la fraternité Françaife. On nous a vu fouvent, nous détenus, oublier nos propres maux pour les plaindre , & baifer les chaînes qui nous difpen-foient d'affifter comme eux à ces perfides fpectacles. Mais les infortunés ne pouvoient agir autrement; le fatal tranchant de la guillotine menaçoit & leurs têtes & les nôtres, & cet inf-trument de mort étoit jour & nuit en permanence dans Blois. La terreur y étoit fi profondément enracinée , que les bons

Habitans des campagnes apportoient en foule , & avec l'apparence trompeuse de la gaieté , les monumens de la piété de leurs ancêtres ; que ceux des villes renversoient d'une main tous les objets d'une consécration de dix-sept siecles , & construisoient de l'autre des autels à la prostitution ; que ce sexe , dont les tendres affections sont naturellement portées vers la religion , s'occupoit lui-même à détruire par le ciseau les ouvrages qu'une aiguille dévote avoit consacrés au culte catholique ; & que tous , sans aucune exception , suivoient avec délire & avec transport les ânes & les tigres revêtus de nos ornemens religieux. C'est certainement dans ces banquets ou dans des orgies semblables que les patriotes par excellence , (& tout le monde connoît aujourd'hui la force de cette expression) dûrent se donner le nom bien mérité, quoique révolant, de *Solides Mâtins*. Nous ne connoissons qu'imparfaitement l'origine de ce signal , puisque nous étions incarcérés ; mais nous assurons que l'être qui long-temps après rougissoit encore à cet appel, étoit traité sans ménagement de Muscadin, d'Aristocrate , de Fédéraliste, &c. Il falloit donc manger dans la même gamelle de bois, boire dans le même vase de bois , & se décorer d'un turban & d'un collier d'esclave, pour obtenir alors un brevet de patriote & un certificat d'homme libre. *O tempora, ô mores!*

Poursuivons la tâche affligeante que nous nous sommes imposée, & plongeons, s'il se peut, nos pinceaux dans les couleurs les moins acerbes.

Le dix-huit frimaire, au milieu de ces délassemens & parmi ces démonstrations de joie, une partie de l'armée révolutionnaire de l'Ouest arriva dans nos murs. Son conducteur, son ame & son génie, étoit un scélérat nommé Lepetit, membre du comité central de Saumur; son commandant, son chef

de

de file ou fon capitaine, un autre coquin appellé Lefimon. Ce détachement avoit l'ordre de conduire à Orléans des fuf-pects, & s'annonça comme tel lors de fon entrée dans Blois, en demandant pour fes prifonniers un logement commode & en menaçant quiconque oferoit les infulter. Ces précautions d'une part & ces menaces inutiles d'une autre, que nous ap-prîmes aufli-tôt, auroient certainement dû nous raffurer ; mais nous ne connoiflions que trop l'intérêt que prenoient à nos freres enchaînés leurs barbares alguazils. Ils les gué-rilloient en effet de toutes inquiétudes, même du malheur de traîner plus loin une exiftence pénible & fouffrante, car ils les fufilloient en chemin. Ils ne couronnoient ainfi de fleurs & de feftons leurs victimes, que pour les offrir graffes & parées à leurs divinités infernales. Trois cens cadavres, épars & mutilés fur la route de Chinon, annonçoient & les égards & les attentions de cette légion de bourreaux.

Quel fut donc notre défefpoir, en apprenant deux heures après, que la motion de nous livrer tous à ces monftres avoit été faite & appuyée par d'autres monftres; & ce, nous le répé-tons, dans un inftant où la république, victorieufe à Laval, au Mans, à Savenay & à la Fleche, étoit entiérement fans danger ! Quelle fut le lendemain, dix-neuf frimaire, notre réfignation, lorfque nous entendîmes, au milieu des applau-diflemens (9), le bruit du falpêtre foudroyer, fous les yeux de nos époufes mourantes, de nos enfans & de nos amis,

---

(9) Nous ne pouvons concevoir comment un peuple auffi doux que le Bléfois peut fe permettre de crier, dans ces circonftances cruelles : *vive la Nation*. Malheureux, c'eft un frère, c'eft un Français, c'eft un homme de moins pour la fociété ; & fut-il fon plus cruel ennemi, ne vaudroit-il pas mieux l'employer aux travaux publics, que de verfer un fang toujours inutile & qui germe fouvent de coupables défenfeurs ?

D

neuf perfonnes innocentes dévouées par le fort aux plaifirs meurtriers de ces fanguinocrates! La mort paroît en ces momens fous les livrées d'une confolatrice bienfaifante, qui met un terme aux douleurs de l'infortuné, & lui ouvre, comme à un de fes favoris, les portes de l'avenir le plus riant. Auffi chacun de nous s'y préparoit-il avec fermeté : nous nous encouragions mutuellement les uns & les autres à l'envifager fans frayeur; & prefque tous, hommes, femmes & enfans, ont-ils alors juré de montrer au peuple affemblé fur le lieu du fupplice, que les détenus de Blois étoient tous auffi fortement attachés aux intérêts de la France, qu'ils l'étoient peu aux charmes de la vie. Mais il étoit écrit dans le grand livre des deftinées humaines, que nous ferions réfervés à de nouvelles épreuves, & que notre exiftence ne feroit point confiée à des mains étrangères. La commune eût même l'attention de faire proclamer que les fufillés étoient des rebelles pris les armes à la main, & dont le jugement militairement prononcé avoit été militairement exécuté.

Cette proclamation bienfaifante par fon motif, étoit incapable de nous confoler, d'après notre certitude fur les crimes & la profeffion de ces prétendus Vendéens. Nous connoiffions tous le ci devant prieur de Fontevrault; nous avions poffedé dans notre enceinte le ci-devant curé de Saumur, lors du premier fiege de cette ville; & nous ne doutions aucunement que ces deux eccléfiaftiques & trois autres dont les noms nous font inconnus, fuffent conformiftes & honorés par leurs communes d'un certificat de civifme. Leur feul délit étoit d'avoir gemi fur le Vendalifme deftructeur, & d'avoir dit la meffe le jour de Noël précédent: celui de leurs compagnons de trépas, d'avoir refufé l'encens à de viles proftituées, pour l'offrir dans toute fa pureté fur les autels du feul maître qui leur étoit encore permis de reconnoître & d'adorer. Vous euffiez donc été maffacré, Fénélon, ver- tueux apôtre de la tolérance ; & de vos reliques chéries l'hom- me de bien n'auroit trouvé

Qu'un horrible mélange
D'os & de chairs meurtris & traînés dans la fange ;
Des lambeaux pleins de fang & des membres affreux
Que des chiens dévorans fe difputoient entr'eux.

Nous nous rappellerons fans ceffe cette journée d'amertume & de deuil, pendant laquelle, étroitement preffés dans nos bras, nous attendions de minute en minute les fatales cour- roies qui devoient nous enchaîner, & les féroces antropo- phages qui fe réjouiffoient de nous dépecer.

Ce ne fut que le foir & à la nuit que l'on vint charita- blement nous avertir du départ des requins (10) étrangers, & que la proclamation, dont il eft parlé ci-deffus, eût lieu. Cette nouvelle & fur-tout ce tendre intérêt de la part de nos concitoyens, calmèrent un peu nos inquiétudes, fans nous raffurer parfaitement ; le tout étoit d'ailleurs accom- pagné de la configne févère de ne pas même nous laiffer en- tretenir avec nos gardes: refus qui nous affligeoit, en ce qu'il nous empêchoit de concevoir quels étoient les nou- veaux projets de nos égorgeurs. Nos preffentimens fe croi- foient donc en raifon inverfe de la cruauté de nos décem- virs ; & les journées des vingt & vingt-un frimaire furent en- core paffées dans les allarmes & dans l'alternative douloureufe de la vie ou de la mort.

(10) Les naturaliftes appellent auffi ce poiffon de mer *requiem*, à raifon de ce qu'il afpire la mort.

D 2

Une situation pareille ne pouvoit durer long-temps; elle étoit trop allarmante pour nos épouses et nos enfans, trop inquiétante pour nos amis, trop douce pour nos ennemis et trop désespérante pour nous. Aussi le vingt-deux suivant, dès la pointe du jour, nous fûmes tous également peu surpris d'entendre les cris de mort d'un peuple toujours crédule et toujours malheufement avide de fpectacles fanguinaires. Ces furies de guillotine nous annoncèrent que notre tranflation étoit arrêtée & que nous ferions tous dans la même journée conduits à Orléans fous les traces empoifonnées de Lepetit. Nous étions au dénouement de la tragédie, il falloit du courage, & nous n'en manquâmes pas. On peut confulter fur cet objet les commiffaires du Comité, qui vinrent affiéger notre maison avec une compagnie de volontaires & d'huffards, & qui nous laiffèrent à peine le temps de faire le plus mefquin de tous les paquets & de prendre le plus frugal de tous les repas.

On nous fit alors raffembler dans un vafte local; & là, dans le plus grand filence, on nous lut l'arrêté définitif qui faifoit trois liftes de tous les prifonniers & qui leur diftribuoit trois punitions différentes pour un feul délit, celui d'avoir eu le malheur de déplaire au crime perfécuteur & le bonheur de refpecter la vertu opprimée. Les uns devoient être traînés à Orléans, & c'étoit, difoit-on, les plus coupables; les autres menés à Pont-levoy, & le plus petit nombre deftiné à garder les arrêts fous un cautionnement de dix, vingt, trente et cinquante mille livres. Certes, si l'on nous eût tous confultés, nous n'aurions jamais voulu nous féparer: l'attachement contracté dans l'infortune se puife en une trop belle source pour n'être pas durable. Il faudroit un talent supérieur au nôtre pour crayonner nos adieux et assurer quel étoit parmi nous le plus malheureux de tous : nous garderons donc le silence sur cet article, dans la crainte d'être au dessous des expressions convenables à notre sujet.

On nous força de laisser nos couchettes garnies, et un seul lit de mauvaise paille nous fut généreusement offert en échange pour opérer sur une charrette (11) cet infâme et perfide voyage. Un soulagement de cette espece ne tarda pas même à devenir un poison dangereux pour nos vieillards et nos femmes, et un vrai fumier pour nous tous, par les pluies froides et abondantes qui ne nous abandonnèrent après deux jours et une nuit de marche que dans les prisons d'Orléans. Mais, avant d'entrer dans cette populeuse cité, n'oublions pas le sujet profond de méditation que nous dûmes éprouver, lorsqu'à Beaugenci nous fûmes forcés de mouiller nos pieds dans le sang précieux de nos frères, et lorsqu'à deux lieues de cette commune nous fûmes rencontrés par leurs lâches assassins. Hussards du huitième, si nous traçons aujourd'hui ces lignes, c'est à votre bravoure que nous devons cet avantage; sans la fermeté de vos réponses aux injures et aux menaces de Lepetit, un plomb vil et meurtrier auroit plongé dans le deuil une partie de notre département. Recevez ici nos remercimens, généreux défenseurs des opprimés: c'est sous votre panache que l'on reconnoit encore la vraie valeur.

Nous ne dirons rien des Orléanois et de leurs prisons; nous laissons aux victimes malheureuses des égorgeurs de ce pays la pénible fonction de transmettre à l'histoire et les souffrances des persécutés et les forfaits des persécuteurs. Nous devons ce-

_____

(11) Le citoyen . . . . . . propriétaire de chivaux & charette est recuit de se trouvé demain aveque sur sa tête au repaire de . . . . . . Modele de requisition donné à un voiturier de Chouzi.

pendant convenir qu'annoncés comme des rebelles, nous n'en fûmes pas moins bien reçus du peuple ; et quelques larmes répandues sur notre situation nous prouvèrent, à n'en plus douter, que l'homme est naturellement bon,

A moins que par malheur
Un autre ait corrompu son esprit et son cœur.

Le concierge de la maison lui-même eut pour nous des bontés, en nous accordant comme aux autres détenus deux heures de promenade par jour, et en ne nous renfermant comme eux sous clef qu'à neuf heures du soir. Ce qui nous attristoit seulement dans ce séjour étoit, d'un côté l'éloignement de nos parens et de nos amis, et de l'autre le souvenir amer des prisonniers de la ci-devant haute cour nationale si cruellement assassinés à Versailles. Nous occupions leurs cachots, tout nous retraçoit leur image, et la même destinée nous attendoit peut-être.

C'est après huit jours de réflexions aussi tristes que l'on vint annoncer notre retour à Pontlevoy et nous signifier que nous y étions attendus. Alors notre satisfaction fut si grande, notre imagination fut si agréablement frappée, que nos modestes voitures nous parurent autant de chars de triomphe, et nos gardes un cortege accordé à la victoire que nous venions de remporter sur nos ennemis.

Cœurs aimans et sensibles, qui avez versé des pleurs sur les déchiremens de la France, vous seuls êtes capables de concevoir nos transports de joie en serrant dans nos bras nos vertueux frères. C'est à cette dernière épreuve que l'homme bénit encore son existence et oublie ses propres malheurs. Oui, nos maux cessèrent de nous effrayer et se dissipèrent comme un songe, au récit que nos collegues nous firent de la férocité de nos communs *Cannibales* qui, trop lâches pour les égorger, avoient placé sur leur paffage un fufillé à qui la Loire pour cette fois aufli cruelle que les hommes avoit refufé la fépul- ture. Il femble que nos douleurs perdent un degré de force lorfqu'une main étrangère en eft la caufe, & qu'elles augmen- tent en proportion que le bras qui nous frappe eft parti- culiérement connu de nous.

Nous vous cherchâmes dans cette nouvelle demeure, in- fortuné Cellier, généreux compatriote : en vous garot- tant chaînes comme un vil criminel, & en menaçant d'un poignard vos jours, les monftres ne vouloient que vous priver de votre place de receveur, en recompenfer le crime & en partager les dépouilles; ils avoient réuffi & vous étiez libre. Cette liberté provifoire qui vous annonçoit le prompt retour à vos fonctions, doit vous garantir la punition de vos coupables meurtriers.

Cet oracle eft plus fûr que celui de Calchas.

Il eft impoffible de quitter Pontlevoy fans faire l'éloge (12) du directeur & du plus grand nombre des inftituteurs de ce college. Promenades agréables & champêtres, lectures inté- reffantes, converfations enjouées, tout étoit mis en ufage pour nous faire oublier la perte de notre liberté & rendre notre captivité aufli douce que les circonftances l'exigeoient,

---

(12) L'intérêt & les égards que nous témoignèrent les habitans de Mont- livault, nous ont peu furpris, après les pertes que cette commune avoit à regretter. Bornons donc comme elle nos reffentimens à combler de bien- faits les êtres malheureux qui appartiennent à nos ennemis, à furveiller les tyrans de notre patrie fans les inquiéter, à leur pardonner fans les oublier & à les utilifer fans leur accorder déformais la plus légère confiance. C'eft la feule vengeance qui convienne à des opprimés vertueux & aux amans de la paix. *Dicere de vitiis, parcere perfonis.*

fans cependant la compromettre par une trop grande exten-
fion de jouiffances. A le bien prendre nous étions même
phyfiquement plus heureux que nos frères incarcérés dans
leur propre maifon, fous un cautionnement fort au deffus
de leur fortune, mais toujours au deffous de leur parole
d'honneur.

C'eft aux différens changemens de nos comités révolutionnaires, c'eft aux repréfentans du peuple en miffion que nous
devons notre retour à la fociété, à nos affaires perfonnelles
& fur-tout à la reconnoiffance. Puiffe aujourd'hui la fource
des larmes verfées par la joyeufe amitié fe perdre dans celle
de la douleur & la faire oublier! Puiffe fur-tout l'heureux
reveil d'un peuple né pour la vertu ne céder au fommeil que
fur les bords de la tombe du dernier des fcélérats!

Nota. Les Personnes détenues par extension à la loi du 17 Septembre
1793, et dont les noms ne se trouvent point inscrits sur ce tableau, font
invitées à les faire passer (*francs de port*) au citoyen DURIE-MASSON,
libraire & imprimeur à Blois, Grande-Rue, N° 87. Il se fera un plaisir &
un devoir de les y insérer, ainsi que tous les renseignemens particuliers qui
caractériseroient le regne affreux de la terreur.

POST-SCRIPTUM.

J'AI dénoncé au seul tribunal de l'opinion les hommes sanguinaires qui m'ont persécuté, qui ont voulu me livrer à la fusillade de Lepetit et m'assassiner. J'ai respecté la foiblesse de ceux qui, pouvant et devant prendre la défense de l'opprimé, l'ont abandonné aux fureurs des méchans. Le glaive de la terreur se promenoit alors sur toutes les têtes, et la France n'étoit peuplée que d'esclaves et de tyrans.

Je ne me suis permis aucune personnalité, persuadé que plusieurs de mes ennemis n'ont été qu'égarés, et qu'un sincère repentir les rendra tôt ou tard à l'humanité et à la nature qu'ils ont si long-temps outragées. Je préviens ces derniers que c'est moins la faute d'un style rembruni que celle du sujet, si quelquefois mes expressions sont trop fortement prononcées. Mes idées se sentent du terroir qui les a produit ; et ce n'est point dans les fers qu'ils m'ont donné et dans les cachots où ils m'ont plongé, que j'ai pu les embellir de fleurs et d'ornemens. Il faut à l'homme de lettres la nature pour cabinet et la liberté pour génie.

J'aurois peut-être dû traduire devant des juges compétens mes adversaires, et signaler ainsi leurs noms à la vindicte publique ; mais je conviens de bonne foi que le rôle de délateur me paroît encore odieux, malgré les éloges de quelques plumes mercenaires : j'ai donc cru devoir lui préférer celui de peintre et d'historien.

E

Plein de respect pour les cultes religieux, je n'ai point voulu parler de ces charlatans déhontés, qui ont abjuré leur ancien ministère, et qui se sont lâchement accusés d'avoir professé à l'extérieur des dogmes auxquels ils ont toujours refusé leur assentiment interne. Cet aveu ne m'étoit nullement nécessaire à prouver qu'ils ont été des imposteurs, et à faire préjuger qu'il étoit lui-même dans leur bouche une nouvelle imposture.

J'ai pareillement gardé le silence sur ce manque continuel d'inviolabilité dans la distribution des lettres : despotisme qui n'auroit jamais dû s'attendre à trouver parmi nous des agens.

J'ai sur-tout résisté aux pressantes instances d'ajouter à ce tableau, ces fameuses listes de proscriptions, sur lesquelles de coupables signataires distribuoient la mort à leurs rivaux, à leurs débiteurs, à leurs propres ennemis, souvent même à des infortunés, qui n'avoient vis-à-vis d'eux d'autre crime à se reprocher que celui de les avoir soulagés et employés. De semblables monumens sont plus faits pour eterniser les haines particulières que pour resserrer les nœuds d'une fraternité républicaine ; et l'on sait qu'en révolution les meneurs sont presque toujours les seuls criminels.

Enfin j'ai cherché à plonger dans la nuit de l'oubli les séances du représentant Guimbertheau, parce que les injustices commises dans ces jours malheureux ont presque toutes été réparées, soit par ce représentant lui-même , soit d'après ses conseils. Les scélérats l'avoient égaré, et lui avoient dénoncés comme coupables les citoyens Bellenoue, juge de paix, Girault, maire, Dinochecu, agent de la commune, Lefevre, Massion, Pointeau, Ferrand, Guyon-Montlivault, Gaudron, et autres membres qui s'étoient fortement opposé à l'anarchie triumvirale. L'estime et la confiance entière de la cité peuvent seules les dédommager aujourd'hui de l'abandon cruel qu'ils éprouvèrent alors de la part des mêmes citoyens qui avoient applaudi aux éloges qu'un membre * de la section dite de l'Évêché leur avoit voté, en acceptant la constitution de 1793. Exemple terrible et frappant des passions humaines, leçon grande et majestueuse pour la représentation nationale, qui ne doit plus s'entourrer que de la vertu, pour opérer d'après les bases d'un gouvernement juste et convenable à la dignité du peuple français.

A BLOIS,

DE L'IMPRIMERIE DE L'AUTEUR. *

AN III DE LA RÉPUBLIQUE FRANÇAISE.